Retro och Design Ateljén

目次

この本で紹介している内容や店舗情報は2014年10月時点のものです。ビンテージショップの中には週2～3日しか営業していない店もあり、また北欧は夏期やクリスマス時期など季節によって営業時間が変わる店が多いです。訪ねる際にはショップサイトなどで最新の情報を確認することをおすすめします。店舗情報中、T-banaとあるのは地下鉄駅名です。

STORY 1
北欧レトロの宝箱

北欧レトロなデザインって、どんなものでしょう?まずはストックホルムに暮らすビンテージコレクター、マリアの部屋をのぞいてみましょう。そこはまるで北欧レトロの宝箱!

正面のカーテンは50～60年代に活躍したデザイナー、モード・フレディン・フレードホルムのテキスタイル。ラグはフィンランドのデザイナー、マルヤッタ・メッツォヴァーラ作。左の壁にあるパネルはマリメッコの1963年の作品『メローニ』。

Maria's Room

" この時代ならではの元気なカラーが大好きなの "

まず目に飛び込むのは赤やグリーン、イエローなど鮮やかな色を放つアイテムたち。「私の場合、ビンテージ選びで優先するのはまず色ね。形やデザインよりも色が重要なの。とくに60年代や70年代の元気な色が大好き。部屋のベースカラーは白で、そこに色やパターン、家具やテキスタイルで色付けをしていくのよ。」

ビンテージのテキスタイルには目がないマリア。季節ごとにカーテンや壁のファブリックを替えて大胆に衣替えを楽しみます。「テキスタイルを組み合わせて使うのが楽しいの。赤とオレンジと黄色。青とグリーンとパープルといった風に、いわゆるカラーファミリーは意識するわね。でも一番大事なのは自分が好きかどうか。テキスタイルは部屋の印象を変えたりインテリアを楽しむのに手軽な手段よね」。

1935年築のアパートの内装は、ほぼ手を入れず当時のまま。いわゆる名作から名のないビンテージまでがセンス良くミックスされ、部屋のどこを切り取っても絵になります。マリアいわく50年代と60年代のデザインは「とくに相性がいい」のだとか。蚤の市が大好きなマリアは、車でスコーネの方まで足を伸ばすこともしばしばあるそう。「いまビンテージがスウェーデンではブームで蚤の市が増えているの。掘り出し物を見つけるのが楽しいのよ！」

訪れたのは緑があふれる5月の日のこと。マリアの部屋にもグリーンがいっぱい。左の窓のカーテンはヨータ・トレゴードによる『5月の太陽』と名付けられたデザインで、70年代にイケアのためにデザインされたもの。「5月が終わったら夏らしいテキスタイルに変えるの」とマリア。

PEPPAR
CURRY
KANEL
PEPPAR
SALT

上：1949年から愛されている収納棚『ストリング』には主に60年代のブリキ缶やプラスチック製品がずらり。下左：もともとは薪を蓄えておく50～60年代製のバスケットをマガジンラックに。下右：50年代の陶製ムーミンフィギュアたち。

左ページ上左：棚に並んだスパイス入れはデンマークのクナブストラップ社製。さくらんぼが描かれたホウロウ鍋はフィンランドのフィネル社で、奥に並ぶマグカップは主にポーランド製と国籍ミックスなキッチン。上右：キッチン脇の棚にもデンマーク製の木製アイテムやフィンランド、アラビア社の陶器が。下左：1948年に高齢者のためにデザインされた椅子は現在も生産の続くロングセラー。MOMAのグッドデザイン賞も受賞している。座面にはヴィオラ・グロステンのビンテージ布を貼って。下右：50年代に大ヒットしたBKFチェアも赤をチョイス。コーヒーテーブルの上には60～70年代に流行した『シャンパンバブル』と呼ばれるオブジェが。

美しいビンテージテキスタイルで彩られたベッドルーム。壁にかかるマリメッコの布はマイヤ・イソラが1967年にデザインした『ムスタスッカイネン（嫉妬の意味）』。ベッド上のクッションカバーはスウェーデンのテキスタイルデザイナー、スヴェン・フリステッドのデザイン。手前に垂れ下がる布は、ティオグルッペンのトム・ヘドクヴィストが70年代にデザインした『キョウト』。

マリメッコのビンテージドレスもコレクションしているマリア。手に持っているのは60年代に活躍したデザイナー、アニカ・マリラの作品。『プリロデザイン』の名でビンテージ製品のネット販売も行っている。
http://www.prylodesign.se

マリアのお店

レトロ・オ・デザインアトリエ

Retro och Design Ateljén

ビンテージマニアの仲間と一緒にストックホルム郊外にショップをオープンしたマリア。50～70年代を中心とした家具や照明器具、テーブルウェア、テキスタイルに加えて、ビンテージテキスタイルでリメイクした家具や小物も揃います。さまざまな年代の食器やインテリアアイテムをセンス良く組み合わせてディスプレイしてあるので、ビンテージの取り入れ方の参考にもなります。

Stenbrottsgatan 4, Sundbyberg
T-bana : DUVBO
営業日：火曜日～木曜日
https://www.facebook.com/retroochdesignateljen

STORY 2

キッチンと食卓が明るく、楽しくなった時代

時代を超えて愛されるスウェーデンのテーブルウェア。美しいデザインが生まれた歴史と背景を追ってみましょう。

スウェーデンを代表するメーカー、グスタフスベリとロールストランドの食器たち。後ろにあるのは50～60年代に流行した魔法瓶。

いまや世界中にコレクターがいるスウェーデンのテーブルウェアのデザインが花開いたのは1950年代のこと。それまでは他国のデザインの真似が主流でしたが、戦後の大規模な住宅改革に伴って良質で優れた食器やキッチンアイテムへのニーズが一気に高まります。それに応えるようにメーカーは優れたデザイナーとともに、カラフルでモダンなテーブルウェアを次々に生み出していきました。一方、デパートや生協ではテーブルコーディネートの展示会やレクチャーが開催され、新時代の食器を取り入れるためのアイデアが提案されます。こうしてスウェーデンのキッチンと食卓が、美しいデザインで彩られるようになったのです。

Stig Lindberg
スティグ・リンドベリ

1937年に陶器メーカーのグスタフスベリに入社し、数多くのテーブルウェアを発表。遊び心あふれるデザインは時代のニーズにぴったりと合い、スウェーデンでもっとも有名なデザイナーの一人になりました。1951年と1954年にはミラノ・トリエンナーレのグランプリを受賞。絵本やテキスタイルなどさまざまな分野で才能を発揮し、日本では西武デパートの包装紙デザインも手がけています。

リンドベリがデザインした中でもとくに有名な『ベルサ』は1960年の作品。生協が行った「より豊かな日常」キャンペーンの教本に登場して、大人気を博した。

子供用のマグカップは1955年の作品。1952年に出版された絵本の主人公、クラケールが描かれている。

Marianne Westman
マリアンヌ・ウエストマン

美術大学を卒業後、ロールストランド社にスカウトされ1950年から1971年まで在籍。『モナミ』や『ピクニック』など北欧デザインのアイコンとなる作品を発表しました。1952年に発表した『モナミ』は35年も継続するロングセラーとなり、国際的な賞も受賞。同時代のデザイナーに大きな影響を与え、ウエストマン風のテーブルウェアが他社からも多く作られました。

復刻版も登場した『モナミ』。オリジナルは1952年に発売。1956年発表のピクニックは今ではテキスタイルやキッチングッズにもなっている大人気デザイン。

スウェーデンを代表するメーカー

左：ウエストマンの1952年作『ポモナ』のバターケースと下はジィ・ガントフタ社のピクルス入れ。右：青いリンゴを描いた『エデン』は1960年のロールストランド社製、右は1955年にリンドベリが作った『スピサ・リブ』。

左：可愛い鍋やキャセロールも登場した。片手鍋はロールストランドの人気シリーズ『コカ』で1956年のデザイン。水色のホウロウ鍋はコクムス社。

上：巨大マグはグスタフスベリ社が1972年から製造。
左：上段のスパイスジャーはウエストマンの『アロマ』、下段カップはゲフレ社が1972年に出した『チューリップ』。

Gustavsberg
グスタフスベリ

1825年創業。庶民のための良質で優れたテーブルウェアを生産し、50～60年代にかけての最盛期には世界に名を轟かせる国際的なブランドに成長。現在はバス&サニタリー製品を主に扱っています。

Rörstrand
ロールストランド

1726年創業のヨーロッパで2番目に古い陶磁器メーカー。スウェーデン王室御用達ブランドであり、ストックホルムで行われるノーベル賞授賞式の晩餐会のテーブルウェアを手がけることでも知られます。

Kockums
コクムス

1893年創業のホウロウメーカー。1935年に発表したクリーム色とグリーンのシリーズは爆発的な人気に。70年代に廃業するまで、高品質で目にも楽しい数々のホウロウ製品を世に送り出しました。

黒白カップは1955年生まれの『ゼブラ』、花柄皿は70年代に作られた『アグネータ』。どちらもウプサラ・エケビィの元でゲフレの名前で出ている。ハートで縁取られた皿はロールストランド社の『シルヤ』。ユニークな魚型の皿もリンドベリ作。

左：60年代にはプラスチック製品も普及。黄色い容器はソルト＆ペッパーとスパイスミルで、ニルスヨハン社の『ポップ』シリーズ。隣のカップ＆ソーサーはリンドベリがデザインした『バレット』。 右：ニルスヨハン社はステンレス製品も得意でケトルは代表作のひとつ。

Upsala-Ekeby
ウプサラ・エケビィ

1886年に創業し、1920年代には北欧最大級の製陶会社として君臨。ゲフレ、ロールストランドといった競合会社を次々に合併するものの、70年代後半には廃業。花器や陶板なども多く手がけました。

Gefle
ゲフレ

1910年創業。20年代にはグスタフスベリやロールストランドと並ぶビッグネームに成長。1936年にウプサラ・エケビィの傘下に入った後もゲフレの名前は残され、1979年まで生産が続けられました。

Nilsjohan
ニルスヨハン

1888年創業。50年代から家庭用品を手がけ、ステンレス製品からプラスチックまで幅広い製品を販売。50～60年代には「ハッピーキッチンクラブ」を作り、当時の主婦たちから絶大な支持を得ました。

テーブルウェアの歴史を追いかけて グスタフスベリの美術館へ

Gustavsbergs porslinsmuseum

グスタフスベリ陶磁器美術館

Odelbergs vag 5B, 134 40 Gustavsberg
地下鉄 Slussen 駅の地下ターミナルより
474番バスで25分ほど。Farstaviken下車

スウェーデンのテーブルウェア改革の中心となったリンドベリをはじめ、リサ・ラーソンなど才能あるデザイナーを擁し、一時代を築いたスウェーデンの陶磁器メーカー、グスタフスベリ。その歴史はそのままスウェーデンのテーブルウェアの歴史でもあります。時代を驚かせた数々のデザインを見に行きましょう。

上左：リンドベリの代表作がずらりと並んだコーナー。上右：1955年に行われた北欧デザインの展覧会、H55のためにリンドベリが作った『ドミノ』。下左：リンドベリの師であり、スウェーデン陶磁器の先駆者ウィルヘルム・コーゲの『ピューロ』。

上左：1953年から57年と短期間の在籍ながら優れた作品を残したビビ・ブレーゲルの『ロータス』。上右：リンドベリの遊び心あふれる『カーニバル』シリーズ。下：ネコやライオンのオブジェで有名なリサ・ラーソンの珍しいテーブルウェアも。

shop

左：美術館近くにあるショップでは『ベルサ』をはじめ、人気商品の復刻版が揃い、アウトレット製品も販売している。右：ショップスペースはもともと従業員のシャワールームでタイル貼りの仕切りが残る。当時の工場の写真も。

STORY 3

魅惑のミッドセンチュリー・テキスタイル

いまスウェーデンではビンテージのテキスタイルがちょっとしたブームに。50年代から70年代のデザインを中心にデザイナーや作品が再評価され、ビンテージテキスタイルを使った家具のリメイクなどを気軽に楽しむ人が増えているようです。ミッドセンチュリーの作品を中心に魅惑のテキスタイルワールドをのぞいてみましょう。

ストックホルムで見つけたアートのようなテキスタイルたち

左：北欧のテキスタイル業界を率いたアストリッド・サンペの50年代の作品。中：サンペの娘であるモニカの作品。右：鳥は昔から北欧でよく見るモチーフ。上下を木の棒で挟んで壁掛けに。

注目のデザイナー

Maud Fredin Fredholm

モード・フレディン・フレードホルム

スウェーデンのファッション＆テキスタイル業界を代表するデザイナー。戦後まもなく、当時の女性としては異例の26歳の若さで起業。50年代から60年代にかけての活躍は目覚ましく、スウェーデン国内はもちろんロンドンやパリのファッション業界にも影響を与えています。

Photo : Bukowskis

ユニークな鳥や猫のテキスタイルは50～60年代の作品。右のドレスは柄、織り、パターンまですべてモードが手がけている。

スウェーデンのテキスタイルを知るキーワード

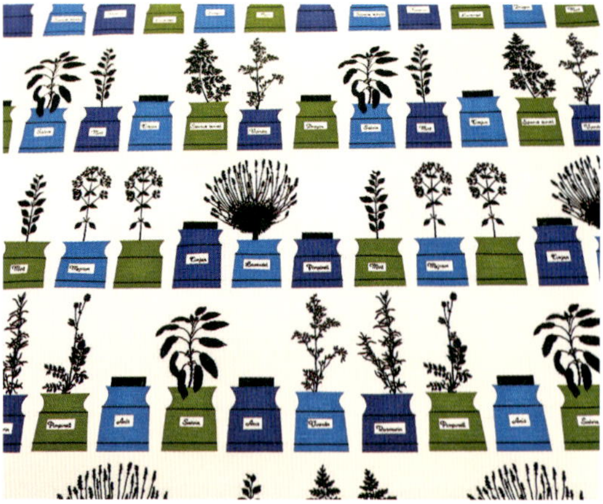

Astrid Sampe
アストリッド・サンペ

北欧テキスタイルの新時代を切り拓いた第一人者。NKテキスタイルスタジオでチーフデザイナーを務め、『署名入りテキスタイル』プロジェクトを指揮。才能あるデザイナーとモダンな作品を次々に発表し、アルメダール社の『リネンライン』ではリネン業界にも新しい風を吹き込みました。

1955年にアルメダール社のためにデザインした『ペーションのスパイスジャー』は北欧デザインの展覧会、H55でも大評判となった。

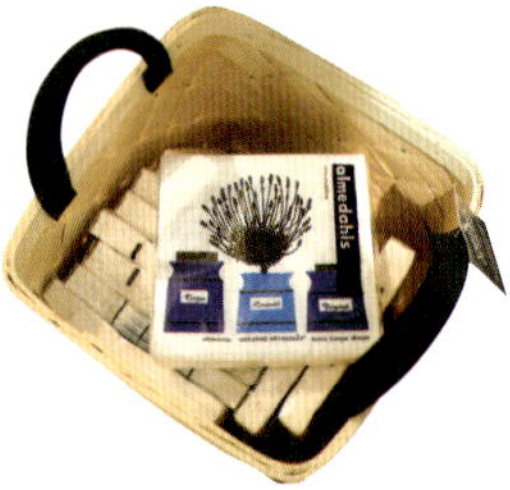

リネンライン

アルメダール社が1955年から発表したシリーズ。写真はマリアンヌ・ニルソンによる『ニシン』。ポップなイラストは、白いリネンが当たり前だった時代に大きな話題を呼びました。

アルメダール社

1846年にリネン織業として創業。リネンにイラストを取り入れた先駆けであり、現在はキッチンアイテムなど幅広い製品でミッドセンチュリーのデザインを紹介しています。

NK テキスタイルスタジオ

1902年にストックホルムで創業したデパート、NKのテキスタイル部門。1936年にサンペをチーフデザイナーに迎え、1971年に幕を閉じるまで画期的なテキスタイルを次々と発表しました。

リュンベリ・テキスタイル社

1834年創業。卓越したプリント技術でサンペの絶大な信頼を受け、『署名入りテキスタイル』を世に生み出した立役者。コレクションの一部は現在もハンドプリントで生産が続けられています。

http://www.ljungbergsfactory.se/

Photo : Ljungbergs Factory

署名入りテキスタイル

公共スペースやインテリア向けのテキスタイルを作るためにNKテキスタイルスタジオが始めたプロジェクト。建築や絵画、陶芸など多様な分野から12名のデザイナーが起用され、21の作品が作られました。作品にはデザイナーの署名が入れられ、1954年に開催された『署名入りテキスタイル』展は大きな話題に。以下に紹介するデザイナーの他、グラフィックデザイナーのオーレ・エクセルやフィンランドの建築家、アアルトも名を連ねています。

Photo : Ljungbergs Factory

Sven Markelius
スヴェン・マルケリウス

ストックホルムの都市計画にも携わった建築家。1952年にデザインした『ピタゴラス』(写真左)は時代を代表するテキスタイルとなり、さまざまなカラーパターンで現在も生産されています。

Photo : Ljungbergs Factory

Lisa Larson
リサ・ラーソン

動物や子供をモチーフにした愛らしい陶製のフィギュアで一世を風靡したリサ・ラーソンも『署名入りテキスタイル』に参加。花器をモチーフにした作品(写真右)を発表しています。

Photo : Ljungbergs Factory

Viola Gråsten
ヴィオラ・グロステン

スウェーデン系フィンランド人デザイナー。代表作は1952年に発表された『ウームフ』(写真上)で、斬新な色使いと柄は若い世代を中心に爆発的な人気に。近年また評価が高まっている一人。

Stig Lindberg
スティグ・リンドベリ

サンペに導かれ、テキスタイル業界でも大活躍したリンドベリ。『署名入りテキスタイル』の他、30種類余りのテキスタイルを手がけました。写真左は『フルーツボックス』、右は『メロディ』。

ビンテージテキスタイルの楽しみ方

北欧の人達はテキスタイルの使い方が本当に上手。テーブルクロスやベッドカバーだけでなく、壁にかけて絵のように楽しんだり、家具や雑貨をテキスタイルでリメイクしたり。バッグやスカートにして身につけたり。北欧流ビンテージテキスタイルの楽しみ方を見てみましょう。

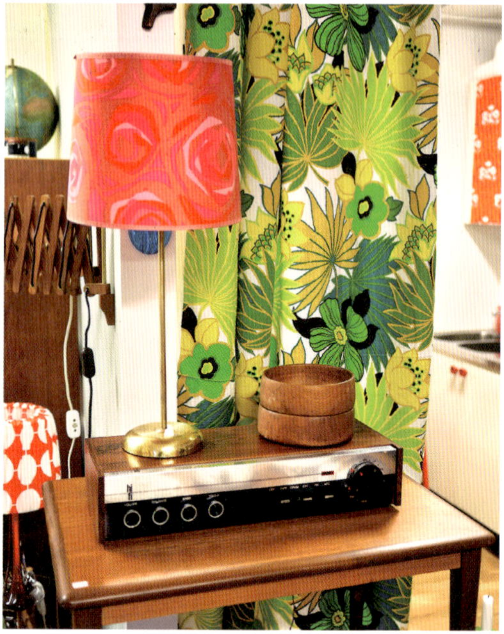

上左：NK テキスタイルスタジオで活躍したデザイナー、チキ・マットソンの作品を使ったランプシェード。上右：部屋の仕切りとして使うケースも多い。下左：柄の部分を切り取ってエプロンにリメイクしたもの。下右：グスタヴィアンの椅子にリンドベリの布を貼って。

左：北欧の家でよく見かけるガーランド。残り布で気軽に作る人も多い。下：ビンテージの家具にビンテージテキスタイルを合わせるのがここ数年の流行だそう。家具の表情ががらりと変わる。

左上：ヴィオラ・グロステンの生地を貼ったスツール。左下：スヴェン・フリステッドが1967年にデザインした作品のリプロダクションをパネルに。フリステッドは60～70年代に活躍したデザイナー。右：北欧では薄い生地をカーテンにすることが多い。光を遮るのではなく、楽しむのが北欧流。

ミッドセンチュリーのテキスタイルが買える場所

現在も続けて生産されているミッドセンチュリー生まれのテキスタイルや、
ビンテージの生地を探すのにおすすめの場所はこちら。

Åhléns city
オーレンス・シティ

ストックホルム中央駅につながるデパート、オーレンスのインテリアコーナーにはリュンベリ社の『署名入りテキスタイル』コレクションや、アルメダール社のテキスタイルが揃います。マリメッコ他、北欧ブランドが充実していて、タックスリファンドの手続きができるのも嬉しいポイント。

Klarabergsgatan 50, 111 21 Stockholm
T-bana : T-Centralen　https:// www.ahlens.se/

グラフィックデザイナー、オーレ・エクセルのイラストを使ったアルメダール社のテキスタイル。

TYGVERKET

ティグベルケット

Sankt Paulsgatan 3, 118 46 Stockholm
T-bana : Slussen
http:// tygverket.se/

セーデルマルムにある手芸ショップで、ストックホルムでも数少ないヴィオラ・グロステンの『ウームフ』が買える店。スウェーデンの現代のデザイナーのテキスタイルも扱っています。

ソーイングのワークショップなども行っている。同じ通りにある支店では、広大なスペースに幅広いラインナップを揃える。

Randiga Trådens

ランディガ・トローデンス

http://randigatradensshop.blogspot.jp/

バッグやクッションなどハンドメイドの布小物や、テキスタイルを使った家具のリメイクが得意。50年代から70年代のレアなビンテージテキスタイルも揃います。

オンラインで販売する他、STORY1で紹介したお店「レトロ・オ・デザインアトリエ」でも購入できる。

STORY 4

レトロ好きをつなぐ雑誌『RETRO』

北欧レトロデザインの代表作から知られざるデザイナーやアイテムまで取り上げ、圧倒的な情報量で紹介する雑誌『Scandinavian RETRO』。編集部を訪問し、編集長のマグヌス・パルムさんとヴィヴェカ・カールソンさんにお話を伺いました。

ヴィヴェカがはいているスカートは、1950年代に爆発的人気となったヴィオラ・グロステンの生地を使ったもの。

『RETRO』って？

北欧レトロファンが愛読するスウェーデン発のビンテージ専門誌。家具やテーブルウェアからファッションまで幅広いテーマを扱い、豊富な写真と情報で読者を魅了しています。コレクターへの取材も多く、レアなアイテム紹介も得意。年6回の発行で、2011年の創刊号からこれまで合計3万部を販売。国内だけでなく海外にもファンが多く、日本から購読申込もできます。

http://www.scandinavianretro.com/

ミーティングルームの入口に大きく書かれているのは、活字のフォント名。各部屋にフォント名がついているという、出版社らしい遊び心。

"50年後に、その美しさに気づけるって素晴らしいことだわ"

『RETRO』誌にとって、レトロとは具体的にはどの年代を指しますか？

ヴィヴェカ（以下V）「『RETRO』で取り上げているのは主に1950年代から70年代。この時代に影響を与えている30年代や40年代、いわゆるモダンが始まった時代を含むこともあるわ。」

創刊時から、反響がすごかったと聞いています。

V「雑誌って、普通はスクラップして捨ててしまうものでしょう。それが『RETRO』の場合は保存している読者が多いの。バックナンバーへの希望も多くて、ついに増刷になったわ。これはスウェーデンではとても珍しいことなのよ！」

マグヌス（以下M）「オークションですごい高値が付いているのを見て、これは何とかしないと！ってね」

『RETRO』はどのようにスタートしたのですか？

M「僕は別の出版社にいたんだけれど『RETRO』のような雑誌が作りたくてここへ転職したんだ。ヴィヴェカはこの出版社でもう10年以上働いていて、まずは彼女を説得したよ。それから上層部へ企画を提案したら、やってみようということになった。当初はこんなに成功するとは思わなかったよ！」

海外の購読者も多いようですね。どんな人が読んでいるのでしょう？

V「海外ではフィンランド、デンマーク、ノルウェーなど北欧と、それからアメリカと日本ね。海外の読者が増えているから最近は英語の要約解説をつけるようにしたの。読者の年齢層は幅広いと思う。若い人がレトロデザインの良さに気づいたり、親世代が懐かしいと思って読んでいることもあるのよ。自分の国のデザインの良さを再発見したという声もあるわね。例えばリサ・ラーソンは、ちょっと前まではスウェーデンでは時代遅れと思われていたの。ああ、お母さんが集めていたあれね、といった感じで若い世代には

広々として一人ひとりのスペースもゆったりと取られた開放感のあるオフィス。
仕事の合間にコーヒーを楽しむ「フィーカ」のためのスペースも、あちこちに。

飽きられていたのよ。日本ではリサの人気がすごいから信じられないでしょうけれど！でもリサを改めて取り上げることで、みんながその良さを再認識するようになった。今ではスウェーデン国内でも人気が再燃しているわ。50年後にその美しさに気づけるって素晴らしいことよね。」

『RETRO』の特徴って何でしょう？

M「モノにフォーカスしていることかな。これまでの雑誌は言ってみれば雰囲気重視。例えばリビングの提案とかライフスタイルとか、いろいろ要素が入りすぎていて逆に言えばひとつひとつの特集が深くない。僕達はもっと実用的な雑誌を作りたかったんだ。この作品は何年に作られたか、デザイナーは誰か。スペックをとても大切にしているし、リンドベリを特集するなら彼の作品すべてを網羅したい。コレクターに取材して、しっかりと掘り下げるんだよ。」

V「読者との距離が近いことかしら。今まで雑誌を作ってきて、こんなことは初めてね。読者からの反響がダイレクトに伝わってくるの。彼らに教えてもらうことも多いわ。読者同士の交流も盛んで、いわゆるオフ会をやったりね。フェイスブックにあるビンテージ缶のファンページは、もともと500人程度だったのが2500人に増えたのよ！『RETRO』を通じてレトロファンがつながりやすくなったと言われるわ。」

『RETRO』の表紙はパッと目を引きますね。

M「テキスタイルを背景にしてデザインアイテムを何点か置く。これは今までにない発想だったんだ。テキスタイルを使うのはヴィヴェカのアイデアだよ。『RETRO』では、彼女がテキスタイルやファッションの専門で、僕は食器だとか小さなもの。そう僕の店に来たことがあるならわかるよね。ムーミンのフィギュアとかプラスチックのおもちゃとか……僕はそういうのが得意なんだよ。」

次号で特集するエアラインのファッション写真。当時の貴重な写真がたくさん見られるのも『RETRO』の魅力。

"僕の遺伝子には、ビンテージが組み込まれちゃっているんだ"

お二人がレトロなスタイルに惹かれるようになったきっかけは？

V「母がビンテージ好きだったから、子供の頃から古いデザインに囲まれていたの。とくに意識はしていなかったけれど身近な存在だったのね。だから私がレトロなものに惹かれるのはとても自然なことなの。」

M「僕はスカンジナビアデザインの有名な展覧会『H55』が開催された年に生まれているんだ。母は僕をベビーカーに乗せて展覧会に行ったらしい。だから僕の遺伝子にはビンテージが組み込まれちゃっているんだよ。」

スウェーデンでは今、レトロやビンテージがブームなのでしょうか？

V「もともと古い物は大切にする文化だけれど、80年代頃からフリーマーケットが増えて規模が大きくなっているわね。サッカー場のような広い場所で開催するようになって、人がたくさん来るようになって。ブームといえば、誰の家にでもあるようなピロークッションが大流行して10クローネだったのが100クローネになったりしたこともあるわ。」

『RETRO』ではスウェーデンだけでなくフィンランドや他の北欧諸国のデザインも取り上げていますね。それぞれの特徴をあげるとしたら？

V「フィンランドのデザインは強くて、ビビッド。マリメッコがまさにそうね。ブロンズのアクセサリーもフィンランドらしいと思う。デンマークはエレガントなものを作っている。とくに優れた家具が多いわ。スウェーデンは、何というのかしら……大人っぽいデザインね。木を使った製品がとても多いわ。スモーランドは材木が豊富な土地でイケアが生まれた場所なのよ。ガラス製品も有名よ。そういえば、こんな言い回しがあるのを知っているかしら。『フィンランド人がデザインを

左：会社の中とは思えない、可愛らしい共有スペース。右：アプリでは、リサ・ラーソンの各オブジェがくるりと一周するなどユニークな仕掛けも楽しめる。

して、スウェーデン人がプロデュースして、デンマーク人がそれを売って、ノルウェー人が買う』それが北欧デザインだって。」

スウェーデンと日本のデザインに共通することは？

V「ものづくりに興味があること。それからどちらの国も、飾りたてたり見せつけるデザインではなくシンプルなものを好むのは共通していると思うわ。」

M「日本とスウェーデンは昔からお互いに影響しあっているよ。『RETRO』でも紹介したことがあるけど、『H55』で展示された海外のパビリオンでとくに人気があったのは日本なんだよ。それから日本でのリサ・ラーソン人気はすごいよね！そのおかげでスウェーデン人がリサの素晴らしさを再発見したと言ってもいいかもしれない。日本人の目は素晴らしいよね。」

日本語版も！
別冊リサ・ラーソン特集号

『RETRO』別冊のリサ・ラーソン特集号はリサ本人とスウェーデン屈指のコレクターの協力を得て、これまでにない数の作品と情報が掲載された意欲的な一冊。日本でのリサ・ラーソン展覧会にあわせて日本語版も出版され、iPadやiPhone用のアプリ版もある。

STORY 5

こだわり店主のいるショップ

良質なビンテージを納得して買うには、やっぱり知識豊富なオーナーのいる店がおすすめです。ストックホルムに数あるショップの中でも、ビンテージへの愛があふれる店主の３軒をピックアップしました。

名物店主とのビンテージ談義も楽しみのひとつ

Moderna Magnus

モデルナ・マグヌス

ストックホルムの名物店といえばここ。ビンテージ雑誌『RETRO』の編集長も務めるマグヌスのお店は、彼の膨大なコレクションの倉庫と言った方が適切かもしれません。マグヌスが得意とする食器やフィギュアをはじめ、缶やプラスチック製品、テキスタイルが天井高くまで積み上げられ、その量と大胆な陳列には圧倒されるばかり。自身がコレクターだけあってビンテージへの愛情は底知れず。ストックホルムでビンテージ探しをするならまずはここから！

Storkyrkobrinken 14, 111 28 Stockholm
T-bana : Gamlastan
営業日：土曜日（夏期は月曜日～土曜日）
http://modernamagnus.com/

「ビンテージを集めるコツは？」と聞くと「迷わないこと」。「欲しいと思った時に買ってしまうこと。有名な作品か、値段は相応か。そういうことを考えずに欲しいと思ったものを買うのが一番だよ」とは、さすがの言葉！

BRENDAN BEHAN
sings songs from
THE HOSTAGE
and
Irish
ballads
ARABIA
ORD ALBUM
PRICE GUIDE

有名アンティーク通りにある穴場のお店

Antique och Quriosashopen

アンティーク・オ・クリオサショッペン

ストックホルムでもとくに有名なアンティークストリート、ウップランド通りで親子2世代で経営する地元っ子の信頼も厚い店。他のショップに比べると地味な外観ながら、店内に入るとグスタフスベリやロールストランド、フィンランドのアラビアまで名品がずらり。さらにスウェーデン自慢のガラス製品やシャンデリア、グスタヴィアンの家具までところ狭しと置かれています。

Upplandsgatan 44, 113 28 Stockholm
T-bana : Odenplan
営業日：月曜日～土曜日
http://www.antique-quriosashopen.se/

店番をしているのはオーナー夫妻の息子さん。アラビアのジャムポットや『ピクニック』などコレクターにはたまらないアイテムが揃う。薄い棚にきれいに並べられているので手にとって見やすいのも嬉しい。

ファーストハンドのビンテージも得意

Modern Retro Vintage

モダンレトロ・ビンテージ

店主のトッテはセカンドハンド（中古品）だけでなく、誰も使っていない新品状態で時代を経た、いわゆるファーストハンドを見つけるのも得意。広い店内には食器や照明、壁紙といったインテリアデコレーションの他、服や靴などファッション関係も充実。さらにレコード、本、タイプライターにテニスのラケットまで、家の中にある何でもが揃うユニークなお店です。

Wollmar Yxkullsgatan 9, 118 50 Stockholm
T-bana : Mariatorget
営業日：月曜日～土曜日
http://wp.modernretro.net/

若い世代に人気のマリアトリエで店を構えて11年目。「最近はディーラーとのつながりも増えて以前よりラクに商品を揃えられるようになったけど、やっぱり自分で旅をして古い物を探すのが大好きだよ！」と話すトッテ。

STORY 6
1950年代の街、オースタ

ストックホルムから4キロほど南下した郊外の街、オースタ。戦後の新しいライフスタイルに合わせて開発されたこの街には、当時の雰囲気がそのまま残されています。近年はビンテージショップも増えて、古き良き時代を愛する人達がますます注目する場所に。

Årstaへの行き方
地下鉄Gullmarsplan駅
またはLiljeholmen駅から
160番バス。Årsta torg
またはÅrstaskolan下車

Årsta オースタ

1940～60年代にかけて開発された住宅地。市の中心にあるオースタセンターは1953年に完成したスウェーデン初の郊外型コミュニティセンターです。劇場や図書館、保育所などが入った地域密着型の総合センターで、建物は当時のまま。周辺エリアにも50年代の建物が多く残されています。

劇場の横に併設されたカフェは50年代そのままのインテリア。当時から内装には一切手をつけず、店内は50年代の家具で統一されている。

建築や住居をそのまま維持し、昔ながらの雰囲気を大切にする街の方針を好んで引っ越してくる人もいるという。

ハイセンスなビンテージを揃える注目の店

tid & rum

ティド・オ・ラム

Hjälmarsvägen 33, 120 53 Årsta
営業日：火曜日～木曜日・土曜日・日曜日
http://tidochrum.nu/

ミッドセンチュリーの家具をはじめ、食器やテキスタイルなど50～70年代のビンテージが充実。オーナーであるマリアのセンスの良さが伝わってくる絶妙なラインナップで、すっきりと見やすいのも嬉しいところ。隣にあるガレージでは不定期でフリーマーケットを開催していて、遠方から足を伸ばす人も多いそう。再注目されるオースタエリアの中心的存在です。

左中：コレクターの多い60～70年代のブリキ缶や、『モナミ』『プルヌス』など人気のビンテージ食器も揃う。左下：目を引く表紙の冊子は1949年に出版されたアートスクールの本。右下：ビンテージデザインはもちろん、オースタの歴史にも詳しいマリア。

名品、ガラクタ、なんでもありの愛すべき一軒

Årsta Prylbod

オースタ・プリルボッド

20年代から80年代のビンテージを幅広く揃え、有名デザイナーの食器があったかと思えば、お菓子の缶やおもちゃなどいわゆるジャンク品もたくさん。蚤の市を思わせるごちゃごちゃとした雰囲気が心地よく、値段も手頃で掘り出し物が好きな人にはとくにおすすめの一軒です。オースタ散策の折にはぜひのぞきたい場所。

Årstavägen 55, 120 53 Årsta
営業日：水曜日・土曜日

食器や服飾品の他、ポスターや本、往年の女優たちのブロマイド写真など珍しい雑貨も揃う。手頃でユニークなおみやげを探すのもおすすめ。

レトロ日記

時代のカラーを知る、色のパワーに魅了される

マリアの家を訪れて真っ先に感じたのは色が持つパワー。部屋を彩るのは主に60年代から70年代の流行色である赤や黄色などの原色たち。そう、色は時代の象徴なのだ。30年代には、家の外壁に白やライトイエローやペールグリーンが使われるようになった。一世を風靡したコクムス社のホウロウ製品に使われたグリーンとクリーム色は30年代から40年代を象徴する色となった。50年代はパステルカラー、80年代はネオンカラー。時代ごとに愛された色がある。

今はさまざまな色が氾濫していて、時代を代表するカラーといってもすぐに思いつかないけれど、それでも私達は「今年の色」や「新色」に反応してしまう。まだ物も色も少なかった時代に、最新のカラーはどれほど人の心を明るく照らしただろう。その色を自分のものにできた時、どれほど心躍らせただろう。そんなことを考えると、レトロめぐりがまた面白くなってくる。

スウェーデンには古くからインテリアの鍵となる色がある。家の外壁に使われてきたレンガのような赤色はファールンレッドと呼ばれ、ダーラナ地方のファールン鉱山からとれる顔料を使用していることからその名がついた。ダーラナブルーと呼ばれる色もある。ダーラナホースや家具でよく見かけるちょっとくすみのある青色で（じつはスウェーデンの友人数名に尋ねたところ、それぞれ異なる色味を指したのだが。それはともかく）スウェーデン人にとってこのダーラナブルーという色は特別なものらしい。18世紀末から流行したグスタヴィアンの家具はペイントされているものが多いが、これはもともと素材の質感を隠すためだったという。グスタヴィアンの達人は色を見てだいたいの製作年代を判別できるらしい。ここでもやっぱり色は時代を伝えている。色の世界は奥深く、面白い。

STORY 7

スウィンギング・ストックホルム 1940年代のダンスフロアへ

ビンテージファッションでおしゃれをしたダンサー達が続々と入っていくのは、
ストックホルムのセーデルマルムにあるセーデル劇場。

No Dance No Life！な時代

1940年代や50年代は、デートの場所といえばダンスフロア。おしゃれもライフスタイルもダンスが基準で、ファッションリーダーはミュージシャンたちでした。戦時中に世界で大流行したスウィングダンスはもともとアメリカ発祥のダンスですが、80年代から始まったリバイバルブームではスウェーデンが中心地のひとつに。今では世界中からダンサーが集まり、年間を通してたくさんのイベントが開催されています。そのひとつ、シュガーヒル・ストックホルムに潜入しました。

Photo : Eric Esquivel

リンディホップやジターバグの名前でも知られるスウィングダンス。男女ペアで踊り、ロックンロールやストリートダンスの元祖でもある。左：スウィング時代の人気歌手、キャブ・キャロウェイのスタイルでダンスナンバーを歌うのは、ロンドンからゲスト出演したナッティ・ボーイ氏。右：40年代のスウェーデンの雑誌に載っていたレッスン広告。

Sugar Hill Stockholm って？

ダンスと音楽とファッションをテーマにストックホルムで毎年５月に開催されるスウィングダンスのパーティ。ビンテージマーケットやレクチャーもあり、国内外のおしゃれダンサーが大集合。シュガーヒルとはNYのハーレムにある高級住宅地の名前。
http://www.sugarhillstockholm.se/

オーガナイザーは3人の女性たち。左からジョゼフィン、サンドラ、マデリン。リーダー格のマデリンは音楽への造詣が深くDJをすることも。ダンスが得意なサンドラ、クラブ文化やビンテージ事情通のジョゼフィンと絶妙なバランスの３人組で、みんなレトロなおしゃれが上手！

"ストックホルムは、今も昔も流行に敏感ね"

さまざまなスウィングイベントが行われるスウェーデンでも、とくにおしゃれ好きが集まるシュガーヒル・ストックホルム。主催者の一人、マデリンに話を聞きました。
「スウェーデンはスウィング人口が多くて色々なイベントがあるけれど私はダンスだけでなく、音楽やファッションにもフォーカスしたかったの。音楽もスウィングだけでなくロカビリーや60年代の音楽も取り入れて、幅広い客層にビンテージのムードを楽しんでほしいのよ。ありがたいことにとても好評で年々拡大しているわ。ちょっと大きくなりすぎた気もしているから次回は秘密クラブみたいにしてもいいかなって思ってる。
ストックホルムはこの数年ビンテージがブームね。今は50年代が人気よ。ストックホルムは今も昔も流行に敏感な街で、ビンテージはファッションやライフスタイルのインスピレーション源になっているわ。男性の間では今、髭を生やすのが流行中。街を歩いていると見かけるでしょう？昔の人みたいな髭の男性がいっぱいいるの。シュガーヒルでも当時の髪型や髭のスタイリングができるスタイリストを招いているけど、いつも大人気よ。」

Vintage Market

ビンテージマーケットも開催され、ストックホルムの人気ビンテージファッション店がこぞって出店。普段はネットのみで活動している店も多く、実物が手にとれるとあって大賑わい。

右上：オーダーメイドでビンテージスタイルの服を仕立てるリンダ。「自分のサイズがないと相談されることが多いの。古い生地を持ち込んで徹底的にこだわる人もいるわね」。左下：40～60年代に流行したカラフルな樹脂アクセサリーを扱うアレクサンドラ。自身は50年代のスタイルが大好き。

Fashion Talk

メンズファッション史のトークショーも開催。ビンテージスーツの品揃えはヨーロッパ随一と名高い『A. Marchesan』のオーナー、アレグザンダーを筆頭に3人の達人が熱いトークを炸裂。その一部をご紹介します。

右は30年代のスーツがばっちり決まっているセバスチャン、左がアレグザンダー。襟元のカラーバーからポケットチーフまで隙のない着こなしはさすが。

"ビンテージを探すなら スウェーデンが一番だね"

スウェーデンには状態の良いビンテージが今もたくさん残っているよ。ひとつの理由は戦争で爆撃を受けなかったこと。例えばドイツなんかと比べるとスウェーデンは30年代や40年代のコンディションの良いスーツが多くて値段もリーズナブルだね。スウェーデンでは物をそう簡単には捨てないという背景もある。アメリカだって戦火の被害は受けていないから、いいビンテージがもっとあっていいはずなのにね。捨てられてしまったものが多いんだと思う。

スウェーデンはもともと貧しい国で、昔は男性もスーツを一着作るのがやっとだった。だから結婚式もお葬式も行けるようにと紺色や黒などのダークな色が定番だったんだ。スウェーデンのビンテージスーツの特徴は裏地がしっかり付いていること。寒いからね。そして丁寧に作られているから簡単にはくたびれない。同時代の他の国のスーツと比べても質が良いと思うよ。

Fashion Show

ビンテージファッションショーも目玉のひとつ。ビンテージに詳しい3人の女性がプロデュースし、徹底的にこだわったスタイリングで会場を沸かせます。

左：40年代の旅行代理店をイメージした演出。モデルをしているカロリンもビンテージショップオーナーでさすがの着こなし。下：最後は観客からの拍手で勝者が決定！

STORY 8

ビンテージクイーン
ミリアムのファッションショー

おしゃれもインテリアも、レトロなスタイルをこよなく愛するミリアム。とっておきのビンテージコレクションを見せてもらいました。

40年代のブラウスはお気に入りのひとつ。「素材も柄も形も最高！」とミリアム。スカートは「おそらく70年代ね。70年代のデザインは、40年代のスタイルとも相性がいいのよ」。靴はダンサーに人気の高いアメリカのブランド。家具もスリフトショップやアンティークショップで見つける。「照明は30〜40年代に流行したものよ。」壁にかかっているのは40年代のハンドメイドドレス。

Miriam's Fashion

"特別な日だけ、ビンテージを着るなんてナンセンスだわ"

子供の頃からレトロなスタイルに興味があったというミリアム。ダンスをきっかけに40年代のファッションに夢中になっていったそう。「10代の頃はアメリカのピンナップガールみたいなスタイルを目指していたわ。それがスウィングに出会って、今では40年代が私のおしゃれの中心ね。30年代や60年代のスタイルも好きよ。ファッションアイコンは歌手のアリス・バブス。彼女は最高よ！おばあちゃんのアルバムもインスピレーションの宝庫ね。子供の頃からよく眺めていたわ。」

ミリアムのワードローブはほとんどがビンテージで、インテリアもレトロなものばかり。「パーティとかイベントの時だけビンテージを着るという人もいるけど私は違う。毎日着ているわ。それが居心地が良いのね。」

ビンテージなおしゃれを楽しむコツを尋ねると「時代ごとのスタイルを知って、自分がどの時代が好きかを知るのが大事だと思うわ。本を読んだり、昔の映像を見るの。偽物のビンテージをつかまされないためにも知識をつけるのが一番ね！ストックホルムで探すなら『オールドタッチ』がおすすめ。30年代や40年代の服も豊富で、信じられないくらい安いの。ストックホルムでは年に2回、大きなビンテージマーケットが開催されているわ。ここ数年は大混雑しているけど、必ず足を運んで何か見つけちゃってるわね。ビンテージブロガーが開催する蚤の市もある。私も以前は参加していたんだけれど。」

2年前からテキスタイルの専門学校に通い、今はその勉強に集中しているというミリアム。「歴史を学んで、昔の技術でテキスタイルを作るのはとても楽しいわ。テキスタイルデザイナーになるのが夢なのよ！」

40年代の花柄のワンピースとレースをあしらった30年代の帽子は『オールドタッチ』で見つけたもの。

「スカーフは母から譲られたものでフィンランド製なの。母方の祖母がフィンランド人で、母はティーンエイジャーの時にこれを祖母からもらったそうよ。」

アメリカ系ビンテージショップで購入したウェスタンジャケット。ハイウエストのジーンズは60年代の典型的なスタイル。中に合わせたTシャツはマリメッコのビンテージ。

美しい水色のウールコートは50～60年代製、バッグは30年代のビンテージ。ポケットからぶらさげた白い玉は北欧の冬にかかせないリフレクター。キラキラ光る毛糸を編み込んだ友人の手作り。

シルバーとゴールドの靴は30年代のもの。「年越しのパーティとかとっておきの日に履くお気に入りよ。グリーンの靴はロンドンのビンテージスタイルが得意な今のブランドよ。レトロな箱のデザインも素敵よね！」

もともと看護婦の制服だったというドレス。「看護婦のおばあちゃんが着ていたのを見て憧れていたの。古着屋で自分のサイズを見つけた時は嬉しかった！ジャケットは蚤の市で30クローネで見つけたの」。30年代の編み物用具の袋をバッグ替わりに。

ミリアムのブログでは彼女のビンテージライフをのぞけます。ローカルなフリーマーケットの話など見逃せない情報も発信。
http://miriamskafferep.com/

上：ピンカールでまとめた髪に花を添えるのは30～40年代の定番スタイル。ビンテージヘアのスタイリングはプロ級で、教えることもあるそう。下：テキスタイル学校の課題で作ったアリス・バブスのポートレート。

くるっとまわると裾が広がる40年代のダンスドレスは手縫いで作られたもの。手にしているのは30年代のシフォンドレス。「実際に着てみると素敵！っていうビンテージの典型ね。」

ミリアムおすすめのアイテム Swedish Hasbeens

70年代に流行した木靴からインスピレーションを受け、自然素材にこだわり靴づくりをするブランド。レトロなデザインが人気でビンテージマニアの間でも大人気。写真は右2足がハズビーンズのもの。ストックホルムのセーデルマルムに旗艦店があります。
http://www.swedishhasbeens.com/

「朝食の時間が一番好きなの」と話すミリアム。お手製のパンケーキとコーヒーもビンテージの器で味わう。素肌に羽織ったガウンもスリフトショップで見つけたもの。

50～60年代にスウェーデンで大流行した魔法瓶。通称「TVポット」と呼ばれ、テレビを見る間も席を立たずにコーヒーを楽しめると人気だったとか。

スウェーデンを代表するレトロ家具、『ストリング』の棚には30年代から60年代のグラスコレクションが。フランスやイタリア、スウェーデンとさまざまな国のビンテージが揃う。

STORY 9

北欧のアイドルを探せ

スウェーデンは国際的に活躍する女優や歌手を何人も生み出していることをご存知でしょうか？一世を風靡した時代の顔、今もファッションアイコンとして名前があがる美しい女性たちをご紹介しましょう。

アリス・バブス
Alice Babs
(1924-2014)

1939年に15歳でデビューし、奇跡の歌声と親しみやすいキャラクターでまたたく間にスターに。1954年にはスウェーデンの第1回ゴールデンディスク賞を受賞。ヨーロッパの歌謡祭、ユーロビジョンコンテストの初めてのスウェーデン代表となり、アメリカのビルボードにもスウェーデン人として初めてランクインするなど輝かしい経歴をもち、晩年まで現役で活躍したスウェーデンが誇る歌姫です。

Photo : Vax Records

右上：1950年代初期のショット。くびれたウエストにふんわりとしたスカートと当時流行のスタイルを先取り。左：1959年のアリス。謙虚で控えめな一方、彼女の斬新な歌唱法への批判には「私は歌いたいように歌う」と毅然な態度をとったというエピソードも。右下：1955年の一枚。いつも自然体の笑顔がトレードマーク。

70年にも渡るアリスの歌手人生を紹介するDVDも製作され、なんと日本語字幕版もある。CDとともにオンラインで購入可能。問い合わせは Vax Records www.vaxrecords.nu まで。

"あの頃、若い女性たちはみんなアリスになりたがっていました"

アリスと長年仕事をしていたプロデューサーのラッセ・ザクリソン氏。その人柄や音楽についてお話を伺いました。

「アリスは16歳にして既に北欧を代表する歌手になっていました。耳が良く、感受性豊かで、どんな曲も歌いあげてしまう。即興が得意で、チューニングも必要なければ不得意なジャンルもない。まさに自由自在なボーカルでした。歳を重ねてからもその音楽性は衰えることなく、孫ほども歳の離れたミュージシャン達と難なく共演していましたよ。ただ歌わされる歌手ではなく個性があって、マーケットにもルールにも縛られなかった。彼女のようなスターはこれから先も出てこないでしょう。

普段の彼女はとても謙虚でビッグスターになってからもそれは変わりませんでした。「スポットライトの当たる場所にいるからって他人より優れているわけじゃないわ」とよく言っていましたよ。それがステージに立つと、とんでもないカリスマ性を発揮する。当時の若い女性たちはみんなアリスになりたがっていたんですよ。音楽の才能に恵まれていただけでなく知性とユーモアにあふれ、インタビュアーに失礼な質問を浴びせられても余裕で対応していましたね。当時の歌手は見た目がとても重要だったのもありますが、アリスはとくにおしゃれに気を遣っていました。ストックホルムとニューヨークに贔屓の店がありオーダーメイドしていたんです。ステージ上はもちろん、プライベートでもファッショナブルでしたよ。

スウィングジャズ全盛の時代に思春期を過ごして、憧れのミュージシャンはデューク・エリントン、ルイ・アームストロング、ミルス・ブラザーズ。後に彼らと共演して夢を叶えました。ただ残念なことにスウェーデンではアリスのことをジャズシンガーと認めない人も多かったのです。あの頃はビリー・ホリデイのような黒人でハスキーな歌声こそがジャズだと思われていました。アリスはクリアなソプラノボイスですからね。彼女が一度そのことを気にしてデューク・エリントンに相談したら彼は笑い飛ばしたそうです。デュークは本の中で、アリスについてこう記しています。『アリス・バブスのような個性的なアーティストはいない。華麗なコロラトゥーラ・ソプラノで、オペラもリーデルも、ジャズやブルースも見事に歌う。ヨーデルだって歌える。彼女の声はまるで楽器だね。こんな才能はめったにいないよ。』彼女はまさにこの世界に入るために生まれてきた女性なんです。」

モニカ・ゼタールンド
Monica Zetterlund
(1937-2005)

アリスと人気を二分した世界的ジャズシンガーのモニカ。英語で歌うのがあたりまえだったジャズの名曲をスウェーデン語で歌い、人気を博しました。ビル・エヴァンスの名曲『ワルツ・フォー・デビー』にスウェーデン語の歌詞をつけてカバーした『ワルツ・フォー・モニカ』は代表作のひとつ。モデル顔負けの美貌のモニカは数々の雑誌の表紙を飾り、メディアを賑わせました。

1962年発売のアルバム『Ahh! Monica』(Philips)は、代表作のひとつ。

モニカの劇的な人生を追った映画『ストックホルムでワルツを(原題『Monica Z』)』は、当時の音楽シーンをはじめインテリアや街並も楽しめるおすすめの一本。スウェーデンでは2013年に公開され、大ヒットに。モニカそっくりと評判のシンガーソングライター、エッダ・マグナソンが主演を務め、彼女が着こなす時代のファッションも見所のひとつ。

写真は『ストックホルムでワルツを』のシーンより。
上:60年代のカジュアルファッションに身を包むモニカとバンドメンバーたち。中:モニカが歌のアイデアを思いつくのは、ストックホルムで今も変わらず営業を続けるカフェ『ヴァーランド』。下:手にしているのは50年代に発売されて大人気となった通称コブラと呼ばれるエリコフォンの電話。

映画『ストックホルムでワルツを』(2014年11月29日より全国順次公開。配給:ブロードメディア・スタジオ)

グレタ・ガルボ

Greta Garbo

(1905 - 1990)

北欧が誇る銀幕の女王といえば、グレタ・ガルボ。36歳で早々と引退してしまうものの、ハリウッドのサイレント＆トーキー映画史上にその名を深く刻みました。時代に先駆けてパンツルックを好み、マニッシュなスタイルが有名。ストックホルムはガルボ生誕の土地で、生地跡には銅像があります。

銅像はストックホルムの南側、スカンストゥル駅近くのガルボが育った家の跡地にある。近くのカフェには『ガルボの涙』と名付けられたお菓子も。

20世紀を代表する、スウェーデンのスターたち

イングリッド・バーグマン

Ingrid Bergman

(1915 - 1982)

『カサブランカ』『誰がために鐘は鳴る』などの名作で知られるハリウッドを代表する女優。彼女がスウェーデン人と知る人は案外少ないかもしれません。

アニタ・リンドブロム

Anita Lindblom

(1937 -)

60年代に大人気を博した歌手。ゴシップの女王でもあり、国民的ボクサー、ボス・ホグバーグとの波乱に満ちた結婚生活は後に映画にもなっています。

リリー・ベルグルンド

Lily Berglund

(1928 - 2010)

アリスやモニカと並んで50～60年代に活躍した歌手。涼やかな歌声で人気を獲得し、1957年発表の「Vita syrener（白いライラック）」は記録的セールスに。

シウ・マルムクヴィスト

Siw Malmkvist

(1936 -)

リリアン・マルムクヴィスト

Lilian Malmkvist

(1938 -)

姉の"シワン"と妹の"リル"、それぞれヒットを飛ばしたポップス歌手。ドイツでも人気で、ドイツ語で歌った曲も多い。姉のシウはテレビや舞台でも活躍。

STORY 10

ストックホルムで始める
ビンテージなおしゃれハント

「コンディションの良い古着が揃う」「他の都市に比べてリーズナブル」と国内外のマニアが絶賛するストックホルムのビンテージファッション事情。子供服やヘアスタイルまで、レトロなおしゃれが楽しめるストックホルムのとっておきアドレスをご紹介します。

ビンテージ上級者も太鼓判を押す

Old Touch

オールドタッチ

ストックホルムのビンテージ好きが「ここはおすすめ！」と口を揃えるのがオールドタッチ。1890年代から1970年代まで幅広い年代を取り揃え、良心的な値段も人気の秘密。稀少になっている30年代や40年代のドレスも多く揃え、スウィングダンサー御用達の店としても知られています。スーツや燕尾服などメンズも充実していて、カップルで試着を楽しんでいる姿も。インテリア雑貨や食器などもあり、店のすみずみまで古くて可愛いものがぎっしりと並んでいます。

Upplandsgatan 43, 113 28 Stockholm
T-bana : Odenplan
営業日：月曜日～土曜日
http://www.oldtouch.se/

毎週のように訪れるマニアもいて商品の回転は早い。「とくに40年代のドレスはあっという間に売れてしまうわね」とはオーナーのブリジッタ。ショップがあるのはアンティーク通りとして有名なウップランド通り。

品揃え抜群の気軽な古着屋さん

Lisa Larsson

リサ・ラーション

1986年のオープン以来、ビンテージファンに支持されてきた人気店。好みの年代やスタイルを伝えれば親切なスタッフが膨大な在庫の中から探し出してスタイリングもしてくれます。リーズナブルな価格とリサの気さくな人柄も手伝って店はいつも大賑わい。とくに欲しい物がなくてもついついのぞいてしまいたくなる、そんなお店です。

Bondegatan 48, 116 33 Stockholm
T-bana : Medborgarplatsen
営業日 : 火曜日～土曜日
http://www.lisalarssonsecondhand.com/

「最近、食生活が変わってスウェーデンでも太めの人が増えたのよ。だから５～７号サイズのドレスは案外残っているし、比較的安く手に入るはず。小柄な日本人にはおすすめよ！」とリサ。ベルトや靴の合わせ方などビンテージスタイルのアドバイスもしてくれる頼もしい存在。

アメリカンなレトロスタイルが得意

Daisy Dapper

デイジー・ダッパー

ラスベガスを旅してロカビリーやロックンロールスタイルに恋してしまったマチルダが、50年代をコンセプトに服づくりをするデイジー・ダッパー。店内は50年代の象徴ともいえるパステルカラーで彩られ、ピンナップガール風のドレスや水着がカラフルに揃います。靴やバッグ、アクセサリーの他、懐かしいデザインの雑貨や食器も人気です。

Katarina Bangata 33, 116 39 Stockholm
T-bana : Medborgarplatsen または Skanstull
営業日：火曜日～土曜日
http://daisydapper.com/

下左：真っ赤なドレスがよく似合うマチルダ。店名のダッパーとは「おしゃれさん」の意味。下中：化粧品などを入れるレトロなイラストのブリキ缶。他にパッケージが可愛いチューインガムなどもある。下右：スウェーデンの家庭でよく見る伝統的なモチーフ編みの毛布も人気商品。

女優気分のレトロなヘアスタイルに挑戦

Frisören Hornsgatan

ホーン通りの理髪店

Hornsgatan 100,118 21 Stockholm
T-bana : Zinkensdamm

雑貨やインテリアショップ、カフェが並ぶ賑やかなホーン通りにある理髪店は、じつは創業100年を超えるレトロなスポット。店の中には古いポスターやオブジェがあちこちに置かれ、往年のスター達の写真も並びます。そして女優のようなレトロスタイルを叶えてくれるのがこの店を拠点に活躍するヘアスタイリストのサラ。20年代風のショートボブから40年代に流行したビクトリーロールまで、服やシーンに合わせてセットしてくれます。

『レトロエラ』の名前で活動するサラは、スタイリング教室も行う。「お店でカットとカラーリングをして、スタイリングは自分で覚えると気軽に楽しめるわよ！」とサラ。http://retroella.se/

Photo : Camilla Blomberg

レトロな髪型が流行しているストックホルム。「以前はマニアな人だけがやっていたけれど、最近は気軽に試す人が増えているわ。結婚式やパーティはもちろん、毎日こういう髪型を楽しみたいっていう人も多いのよ。」

Här gäller det håret!
KERATIN
TROTS

親子で楽しむビンテージスタイル

Barn Vintage Palatset

バーン・ビンテージ・パラセット

Skt Paulsgatan 29, 118 48 Stockholm
T-bana : Mariatorget
営業日：火曜日～土曜日
https://www.facebook.com/nvintagepalatset

古くは1800年代から1960年代頃までの子供服やおもちゃを専門に扱うショップ。オーナーの一人、ピアは12年間ロンドンで暮らし、ビンテージの子供服にすっかり魅せられてしまったそう。「昔はコットンの質が良かったのね。汚れがすぐ落ちるのよ。煮ても平気だし、白い服でもこんなに状態がいいの」とその言葉通り、ビンテージとは思えないほどきれいな服ばかり。子供用家具やおもちゃもグッドデザインが揃います。

「私が子供服の担当で、もう一人のオーナーがおもちゃ好きなの。二人のコレクションを組み合わせたお店なのよ」とピア。子供が大好きで面倒見のよいピアの存在もあり、子供と一緒にゆっくりショッピングを楽しむ人が多い。下：可愛いイラストが描かれた袋は、50年代の子供服の型紙が入っていたもの。

HÖSTENS VÄXTER

STORY 11

30年代スタイルのお菓子屋さん

Pärlans Konfektyr

パーランス・コンフェクティール

Nytorgsgatan 38, 116 40 Stockholm
T-bana : Medborgarplatsen
営業日：月曜日～土曜日
http://www.parlanskonfektyr.se/

スウェーデンで人気のあるダンス、リンディホップの仲間が集まり始めたキャラメル屋さん。店内はリンディホップが流行していた1930年代から40年代の家具と音楽で彩られ、スタッフ達のファッションももちろんレトロスタイル。キャラメルを選んだのも30年代を代表する味だから。時代のムードにとことんこだわる愛らしいお菓子屋さんです。

1930年代の真っ赤なドレスがよく似合うアマンダ。ヘアスタイルもパーフェクト！
置いてある家具もレトロで、店内で軽くお茶を飲むこともできる。

2012年には本を出版。キャラメルをはじめ、昔ながらのお菓子をレシピと写真付で紹介している。一方で30年代のジャズやファッション、ヘアスタイルについても詳しく解説するユニークな一冊。店内ではキャラメルを作るためのオイルやスパイスなどの材料も売っている。

オーガニックのクリームやフレッシュなバターを使ったちょっと贅沢なキャラメルはおみやげにもぴったり。ベリー味やカルダモン味、お約束のリコリス味など北欧らしい味も揃う。試食用のキャラメルもあるのでぜひ気軽にトライを。

STORY 12

雑誌や本で旅する北欧レトロ

雑誌や本は、いつの時代もファッションやインテリアの教科書。
50年代のインテリア雑誌や30年代のレシピ本など、古い雑誌や本を眺めながらリアルなレトロスタイルを旅してみましょう。

太めの女の子のための洋服選びのコツをイラストで解説。
ピンクと黒の手描きのイラストがなんとも可愛い。

『BOKEN TILL DIG』（1959年）

1959年の発売以来、スウェーデンで少女達のバイブルとして愛されてきた一冊。タイトルは「あなたのための本」という意味。おしゃれの仕方やデートのマナー、部屋をセンスよく飾る方法などが可愛らしいイラストとともに紹介されています。ただ可愛いだけの本ではなく、親と理解しあうには？将来の仕事はどうする？お金とどう付きあう？などティーンエイジャーのリアルな悩みへのアドバイスも書いてあるのがさすがです！

めがねのおしゃれのページには、1950年代に流行したデザイン『キャッツアイ』のイラストが。

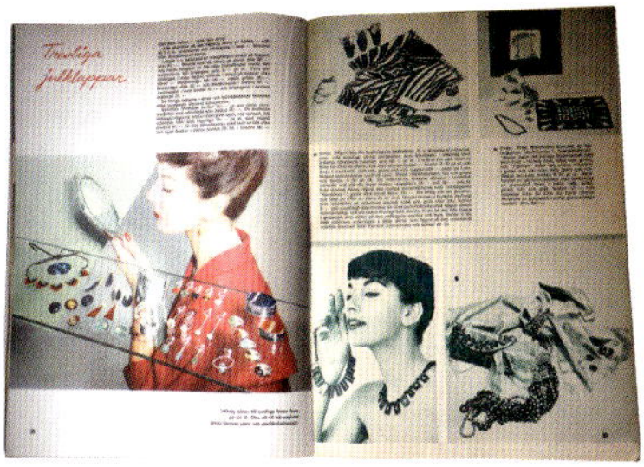

1955年のインテリア＆ファッション誌。表紙の写真にはミッドセンチュリーらしいデザインが。

昔の食卓の様子がわかる1939年のレシピブック。グスタフスベリの人気テーブルウェア『ピューロ』が使われている。

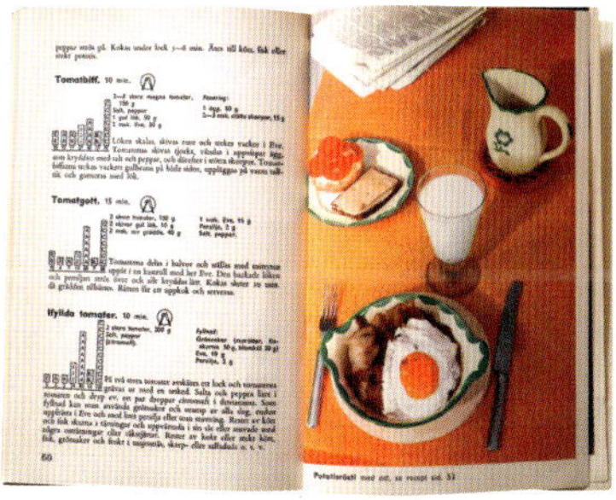

マッチ箱のイラストで有名なエイナー・ネールマンの絵本は1932年出版で、当時の暮らしものぞける。

ストックホルムで古い雑誌や本を探すなら

古本屋は「Antikvariat」と書かれた看板が目印。ビリエルヤール通りにある有名店『Ronnels』や、デザイン書が多い『Alfa』は品揃え豊富でおすすめ。安く探すなら、蚤の市やセカンドハンドショップが狙い目です。

Alfa Antikvariat アルファ・アンティークヴァリアト

Olof Palmes gata 20B, 111 37 Stockholm
T-bana : Hötorget または T-Centralen
http:// www.alfaantikvariat.se/

STORY 13
スーパーマーケットで見つけたレトロデザイン

素敵なパッケージが揃い、グッドデザインが多いといわれるスウェーデンのスーパーマーケット。レトロをキーワードにグッドデザインを探してみましょう。

ソルスティッカンのマッチ箱

可愛い子供のイラストは、1936年に設立された子供と高齢者のための財団『SOLSTICKAN』のためにイラストレーターのエイナー・ネールマンが描いたもの。2009年にはインダストリアルデザイナーのクリスティーナ・スタークがオマージュとして、金属のマッチケースをデザインしています。

Design : Kristina Stark.

オーレ・エクセルのココアアイズ

スウェーデンが誇るグラフィックデザイナー、オーレ・エクセルの代表作。1956年にチョコレート会社のマゼッティがロゴデザインを公募し、優勝したのがこのデザインです。スウェーデンでもっとも有名なグラフィックデザインのひとつ。

新しいのにレトロなデザイン

サルト・クヴァーンの食材あれこれ

2014年で創業50周年を迎えたサルト・クヴァーン。オーガニックのパンや穀類が評判を呼び、今では幅広い食料品を扱うブランドに。店の象徴であるミル（粉砕機）のロゴをもとに、グラフィックデザイナーのカーリン・フーバーがレトロ調にリニューアルしたパッケージでさらに人気に。

ヘムショップのコーヒー

スーパーマーケット、ヘムショップのプライベートレーベル「GARANT」の製品にはグッドデザインがいっぱい。中でも目を引くのがコーヒーのパッケージ。ゲフレ社の『ゼブラ』を思わせるカップなど、レトロなコーヒーセットが描かれています。

レトロ日記

ストックホルムをますます面白くするビンテージ・コネクション

ストックホルムにはダンスをきっかけにビンテージのファッションや音楽、インテリアを楽しむようになる人が少なくない。逆のケースもあるし、そうしたクロスオーバーがストックホルムのビンテージシーンをより深く楽しいものにしている気がする。

ストックホルムのビンテージ・コネクションが充実している理由には、北欧人らしい気質が少なからず関係していると思う。北欧で取材をしていてよく経験するのが、一人に話を聞くだけで、どんどんつながりができて広がっていく感覚。「この店が好きならあの店も好きなはずだよ」とこちらが聞かなくても情報を教えてくれる。今回も「レトロをキーワードに取材」と言うやいなや「あそこへ行け！」とどんどん教えてくれるので、取材したいリストがあっという間に増えてしまった。知識や経験をシェアする。それは北欧の人にとってごくあたりまえのことらしい。秘伝とか一見さんお断りとか、そういうのがあまりない。というか私は出会ったことがない。

『RETRO』編集部を訪ねた時に編集長のヴィヴェカも「読者に教えてもらうことも多いのよ」と言っていた。彼らはマニアやコレクターとのコネクションをとても大切にしていて、そこからどんどん吸収して次へとつなげている。『RETRO』誌ではレトロブロガーを積極的に紹介しているので読者同士もつながりやすく、ストックホルムではビンテージ好きの間でいわゆる「オフ会」が頻繁にあるというから羨ましい。以前取材したコーヒーも、今回のビンテージもそうだけれど、盛り上がっている業界はつながりが強い。つながることで業界全体の知識量や経験が増えて、また盛り上がるという良い循環ができているんだと思う。

STORY 14

博物館で「私の好きな時代」を探そう

広大な敷地の中にさまざまな時代の暮らしが保存されているスカンセンと、その兄弟にあたる北方民族博物館。クラシックからレトロへとつながっていく、スウェーデンの昔の暮らしをのぞいてみましょう。

1930年代の家

若い家族が暮らしていたという30年代の部屋では、伝統的な調度品の中に新しい時代のカラーやデザインを見ることができます。クリーム色にグリーンで縁取られたホウロウ製品は30年代にコクムス社が発売して爆発的なヒットとなったもの。真っ白な外壁も、それまでの伝統的な赤い色に替わって登場した30年代を象徴する色。当時の服を身につけた女性が暮らしぶりや慣習、家の造りについて詳しく紹介してくれます。

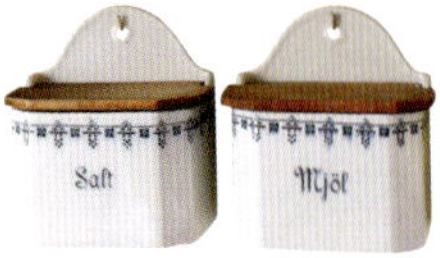

机の上に置いてあるのは、当時の家庭でよく作っていたというお菓子のレシピと材料。

刺繍が施されたリネン、棚を縁取るレースの飾りはスウェーデンの家庭の定番。棚に並ぶ食材も、当時のパッケージ。

それまではホウロウといえば白と青の組み合わせで、この家にもいくつか置いてある。クリーム色とグリーンは時代を象徴する色となり、陶器や家具、テキスタイルにも取り入れられたという。

1930年代の生協

当時の人々がパンやミルクなどの日用品を買っていたのが生協。暮らしを快適にする知恵や情報を綴った小冊子を定期的に作成するなど、庶民の生活をサポートする存在だったそう。この時代、乳製品を扱うのは女性の仕事で、白衣を着た女性店員たちが迎えてくれました。

生協が発行していた小冊子。表紙の『S.L』サインはなんとスティグ・リンドベリのもの。生協とグスタフスベリ社が密接な関係にあったことからリンドベリが一時期、表紙のイラストを手がけていた。

「レシートを貯めると特典があります」との案内が描かれたポスター。牛乳を入れて運んでいた容器も並ぶ。牛乳を入れるとかなりの重さで、女性には大変な重労働だったという。

ミルクの他、クリーム製品やヨーグルトなどの乳製品も扱っていたそう。当時販売されていたパンの模型の他、実際に食べられるパンも売っている。

1930年代の金物屋さん

生協と同じ建物に入っている金物屋さんには、当時の農業用や家庭用金物がずらりと並べられています。

1920年代の南部の農家

スコーネ地方で20年代まで使われていた農家では、当時の壁紙や調度品の他、古くから使われてきたストーブや灯油ランプ、裂織マットなどスウェーデンの伝統的なインテリアを見ることができます。

南部の農家は屋根が低い建物が多いとのこと。道具を立てかける棚もスウェーデンの伝統的なもの。

壁紙はこの時代の典型的な柄。灯油のランプや薪ストーブは、現代でも愛用されている。

1920年代の労働者の住宅

バラック建ての狭い家は土地を持たない農業従事者の家で、こちらも20年代まで使われていたもの。キッチンも寝室も一緒の部屋には、畳めるソファベッドなど省スペースの工夫があちこちに見られます。

20年代と40年代の市民農園

19世紀の終わり頃、都市部に人口が集中した際に生まれた市民農園。国が個人に貸し出す土地で、区画ごとに小屋が付いています。赤い家は1920年代、黄色は40年代のもの。戦時中は食糧難対策としてジャガイモなどの自家栽培が行われていたそう。

1800年代のカフェ

カフェは1870年創業で、カフェが入っている建物は1700年代のもの。古き良き時代のインテリアで、スウェーデンの伝統的なコーヒータイムが味わえます。

コーヒーはセルフサービスでおかわり自由、お菓子はテーブルにまとめて陳列するクラシカルなスタイル。ムーラノ地方の特産である時計など、当時の定番家具があちこちに。

19世紀の郵便局

外壁がファールンレッドで塗られたスウェーデンの伝統的な建物は、1860年代に建てられた郵便局。室内は1910年代のスタイルで彩られています。

当時の人々

園内では、当時の服を身にまとった人々とすれ違うこともよくあります。右：生協で出会った婦人が「職を探しているのですが」とお店の人に訴えているところ。

スカンセン野外博物館
Skansen

1891年にできた世界最古の屋外型博物館。14世紀から20世紀までの各地の建物を移築してあり、貴族のマナーハウスや南部の農園、都市部の労働者の家まで、それぞれの時代における暮らしや文化を伝えています。

Djurgårdsslätten 49-51, 115 21 Stockholm
トラム7番またはバス44番
http://www.skansen.se/

1940年代のアパートメント

40年代には国の施策でモダンなアパートが次々に建てられ、北方民族博物館ではその姿をリアルに再現しています。広いホールやリビング、ベッドルームのある間取りは当時の労働者の憧れ。夫婦と3人の子供からなる架空のヨハンソン一家を想定した部屋づくりで、家具や雑貨類は実際に当時のアパートで使われていたものを集めています。

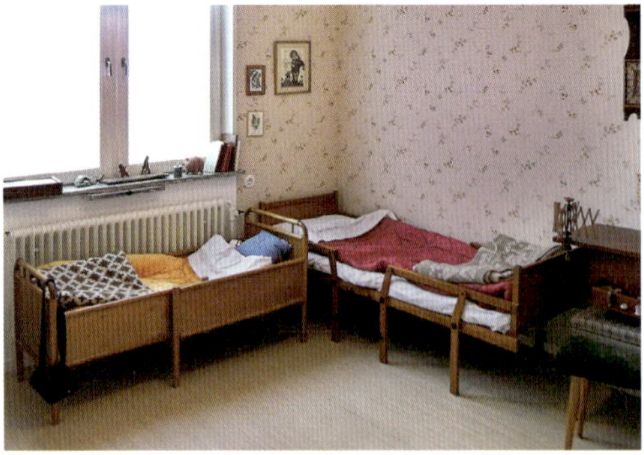

上：リビングには憧れのソファセットや、当時の大きな娯楽のひとつだったラジオが置かれている。下左：ベッドは引き出し式で、日中は小さく畳んでおくこともできる。スウェーデンにはこうした省スペース家具がじつは多い。下右：斜めの棚が特徴的なキッチンは、この時代の典型的なスタイル。

20世紀のデザインとインテリア

北方民族博物館の最上階では、20世紀のデザインとインテリアの変遷を見ることができます。名作家具や大ヒット商品、時代ごとの部屋づくりなどを流れで見られるので好きな人にはたまりません！

1970年代の理想の家を映したドールハウス。

左：世界的家具デザイナー、ブルーノ・マットソンが1934年に発表した名作椅子『エヴァ』。上：スヴェン・マルケリウスの『ピタゴラス』など、時代を代表するテキスタイルも展示されている。

北方民族博物館

Nordiska museets

スカンセンに先駆けて設立された北方民族博物館。伝統工芸から各時代に流行したデザインまで、スウェーデンの文化史を辿ることができます。

Djurgårdsvägen 6-16, 115 93 Stockholm
トラム7番またはバス44番
http://www.skansen.se/

スウェーデンのインテリアが素敵な理由

いまでは豊かな住まいや暮らしを誇るスウェーデンも、1930年代までは深刻な住宅問題を抱えていました。1932年に政権が交代し、与党となった社会民主労働党が掲げたのが『国民の家（Folkhemmet）』と呼ばれるスローガン。「国家は国民にとってよりよい家でなければならない」とするこのスローガンのもと、教育や医療など幅広い分野で福祉政策が充実していきました。そして「住宅こそ貧富の差が表れる」と着眼した政府は、40年代から積極的な住宅政策を打ち出していきます。モダンで暮らしやすい家やアパートが続々と建てられ、住まいの基準を上げる住宅法案が制定されました。一方で家具や日用品の使い方やサイズに関する徹底した調査も行われ、機能的で美しい生活用品を作る下地ができていきました。

こうした政策と平行するように社会学者やジャーナリスト、デザイナー達は生活に美しいデザインを取り入れようと呼びかけます。そのひとつとして、生協は良質な日用品を浸透させるため「より豊かな日常」キャンペーンを行います。スティグ・リンドベリの代表作となる食器シリーズ『ベルサ』を登場させた教本を作ったり、インテリアコーディネートの講座を通して、デザインを楽しむ具体的な手法を伝えました。

スウェーデンでは古くから日々の生活を美しくしようとする呼びかけが繰り返されてきました。教育者であり活動家でもあったエレン・ケイが『美をすべての人のために』と題した小さな本を発表したのが1899年。1919年には美術史家のグレゴール・パウルソンが『美しいものを日常へ』と掲げた小冊子を書きました。どちらも「美しく機能的なものを誰もが手にできるべきである」と説いています。脈々と続く日常生活への高い理想が、こうして徐々に形になっていったのです。

スウェーデンの家でいまも愛されるグスタヴィアンスタイルとは？

18世紀後半にスウェーデン国王、グスタフ3世の元で花開いたグスタヴィアンスタイル。当時のスウェーデンは鉄鉱石や木材産業で潤っていて、フランスに遊学した国王がロココ調に負けじと作り上げたのが始まりです。家具産業が成長していた時期と重なったこともあり、ひとつのスタイルとして定着しました。

スウェーデンのインテリアに大きな影響を与えてきたグスタヴィアンスタイル。当時の家具はオークションで高値で取引され、イケアなどのモダンなインテリアショップでもグスタヴィアン調のデザインがたびたび販売されることからも今も根強い人気があることがわかります。アメリカやフランス、イギリスでも人気があり、フランスで流行したシャビーシックもグスタヴィアンの影響を強く受けています。

グスタヴィアンの家具にはスウェーデンの主要木材である白樺、白松、ブナなどが使用されました。高級木材ではないため、木の質感を隠すためにペイントされたものが多く、色はペールブルー、グリーン、グレーなど。淡いペールカラーが特徴で、暗い冬を過ごすスウェーデンの部屋に明るさをもたらしています。

Photo : Bukowskis

STORY 15
レトロシックなふたつの猫カフェ

ストックホルムを代表する老舗のカフェは、２軒とも「猫」が店名についています。パンや焼菓子を作る小麦をネズミから守る猫は、カフェの大切な一員だったのでしょう。どちらのお店も、古き良き時代のインテリアと手作りのおいしいパンやお菓子が自慢。スウェーデン伝統のコーヒータイムをじっくりと味わえます。

グスタヴィアンスタイルを堪能できるカフェ

Sture Katten
スチューレ・カッテン

「ストックホルムで一番古いカフェ」と看板に書かれたスチューレカッテンは、1700年代の建物の中にあります。少し傾いた階段をのぼるとグスタヴィアンとロココ調の家具で彩られた部屋が続き、まるでタイムスリップしたかのよう。オーナーがもともと暮らしていた部屋をカフェにしているだけあって居心地の良さも抜群です。店内のあちこちにいる猫たちと楽しいコーヒータイムをどうぞ。

Riddargatan 4, 114 35 Stockholm
T-bana : Östermalmstorg
営業日：月曜日～日曜日
http:// www.sturekatten.se/

右ページ上：客席は2階と3階の2フロアに渡り、程よく仕切られていて居心地が良い。下左：もともと屋根裏部屋だったという3階席もおすすめ。下右：店内にはユニークな猫の絵や置物があちこちに。

Sture

部屋ごとのインテリア見学も楽しい

Vete Katten

ヴェーテ・カッテン

ストックホルムで知らない人はいないであろう有名老舗カフェ。店名は小麦の猫という意味で、食事パンからシナモンロール、伝統菓子までベーカリーのラインナップも充実しています。朝から夕方まで賑わっていてフィーカの時間ともなると席を見つけるのが大変！うなぎの寝床のようにじつは奥が深い店内を、ゆっくりと見て回るのも楽しいです。

Kungsgatan 55, 111 22 Stockholm
T-bana : Hötorget または T-Centralen
営業日：月曜日～日曜日
http://www.vetekatten.se/

じつはスチューレ・カッテンとは姉妹店。店の奥でせっせとパンを作る職人の姿をガラス越しにのぞけるのも楽しい。右ページ上：レジ脇を抜けた奥にある客席。コーヒーはおかわり自由。家族連れから若いカップル、年配のグループまで幅広い客層に愛されている。

Fikaフィーカって？

シナモンロールにおかわり自由のコーヒー。これぞスウェーデンの定番フィーカスタイルです。フィーカとはコーヒーと甘いものをつまみながら、友人や家族とゆっくり語らうこと。スウェーデンに古くから伝わる習慣で、今も変わらず生活になくてはならない時間なのです。

STORY 16

永遠の定番、スウェディッシュクラシック

モダンが生まれた時代のデザインや、さらに古くから受け継がれてきたクラシックなスタイル。レトロデザインの源を辿ってみましょう。

スウェーデン人憧れのインテリア

Svenskt Tenn

スヴェンスク・テン

「お金持ちになったらここの製品で家を飾りたい」と語るスウェーデン人も多い高級インテリアショップ。1924年の創業で、オーストリア人建築家のヨセフ・フランクが手がけた美しいテキスタイルがとくに有名です。店内にあるティーサロンはヨセフ・フランクが手がけた家具とテキスタイルで彩られ、その世界観をじっくりと堪能できます。

Strandvägen 5, 114 51 Stockholm
T-bana : Östermalmstorg
または Kungsträdgården
営業日：月曜日～日曜日
http:// www.svenskttenn.se/

創業者のエストリッド・エリクソンもデザイナーで、ヨセフ・フランクとの二人三脚でスウェーデンが誇るブランドに育てあげた。左上：1944年の写真。スヴェンスクテンの生地で作ったドレスの女性たちが写っている。右：ヨセフ・フランクの写真も。右ページ上：ティーサロンの奥にはエストリッドのオフィスが展示されている。

時代を超える良質な家具たち

Malmstenbutiken

マルムステンブティーケン

北欧家具デザインが花開くミッドセンチュリーの時代に先駆けて活躍し、「スウェーデン家具の父」として知られるカール・マルムステンが1940年に開いたショップ。代表作『リラ・オーランド』チェアなど、カール・マルムステンが生み出した数々の名作椅子や家具とともに、北欧を代表するデザイナーの作品が集められています。

Strandvägen 5b, 114 51 Stockholm
T-bana : Östermalmstorg
または Kungsträdgården
営業日：月曜日～日曜日
http://www.malmsten.se/

優れた教育者でもあったカール・マルムステンは、家具やものづくりの学校も設立している。上：壁に並んだキャビネットは1941年のデザイン。2014年には4つの柄が新たに発表された。下左:『リラ・オーランド』のミニチュアも。下右：1943年作の椅子は貴重なビンテージもの。

スウェーデンの手仕事を継承する

Svensk Hemslöjd

スヴェンスク・ヘムスロイド

ヘムスロイドとは手工芸の意味。スウェーデンで古くから受け継がれてきたハンドクラフト文化を伝えるため1899年にオープンし、「人の手で作られた高品質なもの」をテーマに伝統的な製品から現代のデザイナーやブランドも紹介しています。「リサイクル」や「天然素材」も商品を選ぶ上での大切な基準です。

Norrlandsgatan 20, 111 43 Stockholm
T-bana : Östermalmstorg
営業日：月曜日～日曜日
http://www.svenskhemslojd.com/

上：毛糸や刺繍キットなども豊富で、ハンドメイド好きにはたまらない品揃え。下左：色とりどりのリネンクロス。麻はスウェーデンを代表する製品でもある。下右：曲げ木のトレーや箱、木のバターナイフやスプーンなど伝統的な木製雑貨も人気の商品。

STORY 17

スウェーデン式、古い家のすすめ

Gysinge

ギーシンゲ

Storgatan 31, 114 55 Stockholm
T-bana : Östermalmstorg または Karlaplan
営業日：月曜日～土曜日
http://www.gysinge.nu/

スウェーデンでは古い家を住み継ぎ、修理もリフォームも自分でやってしまう人が少なくありません。ギーシンゲという小さな町にあるスウェーデン初の古民家リフォーム専門店は、古い家を当時のままに修復したい人たちの心強い味方。2010年にはストックホルムに支店をオープンし、ペンキや壁紙、釘まで集めた圧倒的な品揃えで熱烈な支持を受けています。レクチャーもたびたび開催し、古い家を維持するためのノウハウを伝授しています。

天井が高く開放感のある店内。カフェを併設し、同敷地内の建物には復刻家具などを揃えたショールームもある。

上：壁紙のパターンも豊富。下の段が当時のままの壁紙で上段にはカラーバリエーションを展示。下：引き出しの把手や細かい金具類も充実していて、こだわり派も納得の品揃え。

当時の外壁とまさに同じ色のペンキや100年以上前に使用されていた金具など、見るだけでインテリアの勉強に。

STORY 18
レトロマニアが注目するストリート

良質なアンティークショップが多いと、いま注目されているのがロスラグ通り。ミッドセンチュリーの雑貨からアンティークリネンまで、さまざまな時代の表情を見せてくれます。ショップオーナー達とのおしゃべりを楽しみながら、アンティーク散策を始めましょう。

Roslagsgatan
ロスラグ通り

ストックホルムを南北に走るビリエルヤール大通りの一本西側にあるのがロスラグ通り。アンティークショップは、東西に走るオデン通りより北側に集中しています。

Odenplan 駅からバス53番または徒歩が便利です。

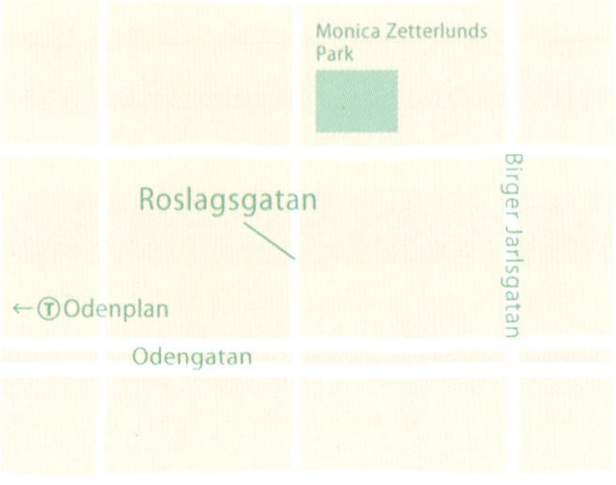

アンティークリネンの専門店

Linnegalleriet

リンネギャレリエット

ダマスク織りのアンティークリネンに、繊細な刺繍が施されたテーブルクロスやランナー、窓や棚の縁を彩る伝統的なレース飾りなど、リネンはスウェーデンのインテリアにかかせないもの。1800年代初頭の製品まで揃うこのお店はまさにリネンの美術館のよう。オーナーのビルギットからリネンにまつわる話を聞けばますます愛着がわいてくるはず。手頃な値段のものも多く、贈り物にもおすすめです。

Roslagsgatan 32, 113 55 Stockholm
T-bana : Odenplan
営業日：水曜日～土曜日
http://linnegalleriet.se/

スウェーデンではその昔、女性たちが家庭でリネンの刺繍やレース編みに励んだという。右中：刺繍の円型リネンはカップとソーサーの間に挟むもの。右下：元テキスタイルデザイナーで先生の経験もある、知識豊富なビルギット。

掘り出し物も見つかる広い店内

Kenth Lindström Modern & Antik

ケンス・リンドストローム・
モダン&アンティーク

Roslagsgatan 7, 113 55 Stockholm
T-bana : Odenplan
営業日：月曜日～土曜日

半地下の薄暗い店内には年代もののダーラヘストやムーラ時計から食器、ドールハウス用のミニチュア家具とさまざまな時代の古い物がごちゃまぜに置かれて、レトロ好きにはたまらない雰囲気。店主のケンスは一見コワモテながらとても親切で、商品の情報や人気のアイテムなどビンテージのあれこれを教えてくれます。

広い店内にはダイニングセットやソファなど家具も充実している。右中：60～70年代のドールハウス用のミニチュア家具はコレクターの多いアイテム。右下：1940年代の映画雑誌をお手頃価格で発見。

チャーミングな店主とのおしゃべりも楽しい

Mästerby Antik

メステルビー・アンティーク

ロスラグ通りで26年続くこの店を際立たせているのは、オーナーであるモードの存在。テレビ出演もする業界では知られた人物で、アンティークの鑑定もしてくれるそう。モードのご贔屓は1800年代のアール・ヌーボー家具。人気の高い1950年代の食器も多く揃え、こじんまりとした店ながらアンティークの魅力がたっぷりと詰まっています。

Roslagsgatan 9, 113 55 Stockholm
T-bana : Odenplan
営業日：月曜日～土曜日

下左：モードと愛犬のドンナ。日本に住んだこともあり「日本が大好き！」。店内ではなんと浮世絵も発見。下中：大の犬好きで犬のアイテムもちらほら。下右：椅子に座っているのはデイジーで、ドンナとともに店の看板犬。

STORY 19
ロッピスが大好き！北欧の捨てない暮らし

ストックホルムを歩いているとたびたび見かけるのが、蚤の市を意味する『loppis』の貼り紙。NPO団体や赤十字が運営するセカンドハンドショップもたくさんあり、リサイクル文化がしっかりと根付いていることを実感します。気軽なレトロショッピングなら、まずはロッピスから！

ローカルな雰囲気が楽しい
1kmロッピス

文化イベントやスクールを開催する慈善団体主催の蚤の市。指定範囲に暮らす人だけが参加できる地域密着型の蚤の市で、プロの出店を禁じ、純粋にいらないものをリサイクルすることが目的。掘り出し物を探すには最高の場所です。http://www.birkagarden.se/

地域交流を目的に年に1回程度で行われている1kmロッピス。家の中をのぞいているような品揃えで、アットホームな雰囲気も魅力。手作りシナモンロールやお菓子なども売られている。

Loppis på Hötorget

ヒョートリエットの蚤の市

T-bana : Hötorget
毎週日曜日の開催

ストックホルムで一番有名な蚤の市といえばヒョートリエット広場。プロの出店が多く、北欧ビンテージの有名アイテムも並び、とくにお目当ての品がある人にはおすすめです。激安とはいかなくとも通常のビンテージショップよりは値段が抑え目で、値切り交渉がしやすいのも蚤の市ならでは。

Stockholms Stadsmission

ストックホルム・スタッズミッション

Hornsgatan 58, 118 21 Stockholm
T-bana : Slussen または Mariatorget
Skånegatan 75, 116 37 Stockholm
T-bana : Medborgarplatse または Skanstull
http://www.stadsmissionen.se/Secondhand/

1853年に設立されたNPO団体が運営するリサイクルショップ。商品は寄付で集め、売上は恵まれない人の支援に使われます。ストックホルム市内に数店舗あり、店ごとに品揃えが違います。ホーン通り沿いの店は食器や家具、書籍が充実。古着好きはスコーネ通りのショップへ！

店内はすっきりと見やすいディスプレイで、センスよく並べられているのもさすが。オリジナルのリメイク服や雑貨も販売している。

STORY 20
究極のリサイクル、飛行機ホテルへ

リサイクル上手で簡単にはモノを捨てない北欧の人たち。ストックホルムのアーランダ空港近くには、なんと飛行機をリサイクルしたホテルがあります。80年代に活躍したジャンボジェット機のコックピットに泊まったり、翼の上でコーヒーを飲んだり。自慢したくなる体験ができること、間違いなし！

Jumbo Stay ジャンボステイ
Jumbovägen 4
SE-190 47 Stockholm Arlanda
http://www.jumbostay.se/
アーランダ空港からの循環バスで5分ほど

左ページ上：飛行機の一番前の部分にあるカフェ。宿泊せずにカフェの利用や見学だけでもOK。下右：航空券のようなホテルのバウチャー。右ページ上：人気はもちろんコックピットスイート。なんと現役のパイロットにも人気があるそう。下右：翼の上は絶好の写真スポット。椅子があるので、カフェでコーヒーを買ってひと息つくこともできる。

STORY 21

ストックホルムのレトロなグルメスポット

19世紀に作られた市場から50年代のカフェまで、ストックホルムに来たらぜひ訪れたいレトロなグルメスポット。伝統的な食事やコーヒータイムを味わえる、とっておきのアドレスをご紹介します。

昔ながらの味と歴史ある建物が魅力

Östermalms Saluhall

エステルマルム市場

1888年に作られ、120年以上にわたってストックホルムの人々においしい食を提供してきた市場。ストックホルムに3つある市場の中でもとくに人気が高く、地元の人も太鼓判を押す食のワンダーランドです。スウェーデン伝統の味や、地方の特産をたっぷりと味わいましょう。

Östermalmstorg 114 42 Stockholm　T-bana : Östermalmstorg
営業日：月曜日～土曜日　http://www.ostermalmshallen.se/

上：サーモンや小エビを盛りつけたスウェーデン名物、その名もサンドイッチケーキ。下：北欧ベリーを添えたニシンのフライ。イートインも可能で昼時はとくに大混雑。右：トナカイやヘラジカなど北欧らしいジビエも揃う。

左：どの店も活気にあふれ、食事の買い出しをしている地元客の姿もよく見かける。上：スウェーデンらしい菓子パンを揃えるベーカリーも。

ビールと一緒にボリュームたっぷりの食事を

Kvarnen

クヴァルネン

ミートボールにニシン、サーモンと王道のスウェーデン料理を出す老舗レストラン。食事のお供にはジョッキになみなみと注がれたビールや、北欧の蒸留酒アクアビットを。1900年代初頭に建てられたアール・ヌーボーの建物でいただく伝統の味はまた格別。バーでお酒を飲みながら、ゆっくり過ごすのもおすすめです。

Tjärhovsgatan 4, 116 21 Stockholm
T-bana : Medborgarplatsen
営業日：月曜日～日曜日
http:// www.kvarnen.com/

映画『ミレニアム』にも登場する、地元ではよく知られたお店。下左：定番の黒パンやバターもおいしい。下中：『おじいちゃんの混ぜもの』というユニークな名前がついた伝統料理はアンチョビや卵が入ったサラダのような一品。

50年代で時が止まったカフェ

Valand

ヴァーランド

1954年の創業以来、何も変わらないスタイルで営業を続けるストックホルムの名物カフェ。ミッドセンチュリーの美しい木製家具と照明で統一された店内には、街の喧噪から切り離された静かな時間が流れています。創業時から同じレシピで手作りしているというクッキーやお菓子と一緒に、50年代のコーヒータイムを楽しみましょう。

Surbrunnsgatan 48, 11348 Stockholm
T-bana : Odenplan
営業日 : 月曜日～土曜日

1960年代を舞台にした映画『ストックホルムでワルツを』にも登場し、現在とまるで同じ店内の様子が映っている。手作りのお菓子が並ぶショーケース、カウンターの上に光るネオンサインなど、どこを切り取っても絵になる。

あとがき

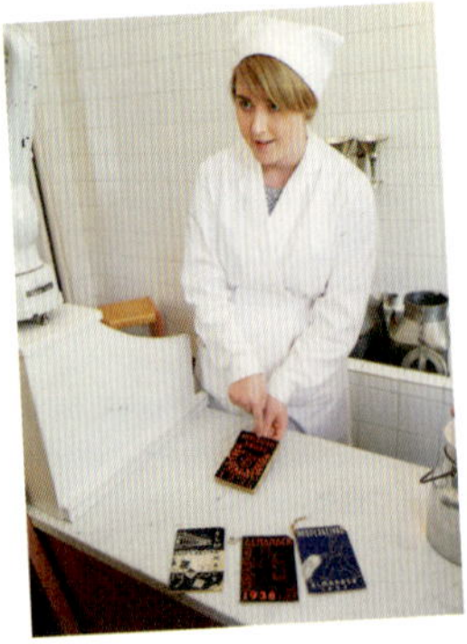

ストックホルムはレトロに近い街です。とくにマニアではなくとも古い食器を使っていたり、築100年以上もの家で暮らしていたり、蚤の市を楽しんだり。古いものが生活の一部になっているのです。そして街を歩いていると、レトロなものだけが持つストーリーにあちこちで出会います。

今回の本で紹介した21のストーリーは、別のストーリーともそれぞれどこかでつながっています。ファッションショーを披露してくれたミリアムの部屋にはアリス・バブスのポートレートがあり、『RETRO』誌のヴィヴェカが履いていたスカートは北欧テキスタイルの代表作のひとつでした。（そしてロスラグ通りにはモニカ・ゼタールンドの名がついた公園が！）

バラバラだった情報がつながることで、意味を持っていきます。例えば時代の流行や特徴がよりくっきりと見えてきたり、どうしてその時代にそのデザインが生まれたのか、少しずつ謎が解けることもあります。今はインターネットでたくさんの情報を瞬時に得ることができます。だからこそ本にしかできないことをやりたいと思いました。それは、つながりをできるだけ多く拾い、ストーリーとともに届けることでした。ストーリーは、暮らしを豊かにしてくれるものだと私は思っています。

最後になりましたが、北欧レトロというマニアックに走りがちな内容を可愛らしい一冊の本としてまとめ、出版の機会を作って下さったジュウ・ドゥ・ポゥムのみなさん、そしてこの本を作るために惜しみなく協力してくれたレトロを愛するストックホルムのみなさんに感謝を捧げます。

森 百合子

参考文献

『北欧のテキスタイル　原点となった12人のコレクション』ギセラ・エロン著（スペースシャワーネットワーク）

『スティグ・リンドベリ作品集』ギセラ・エロン著（ブチグラパブリッシング）

『Scandinavian RETRO』2011 No.1 ～ 2014 No.2（Forma Publishing Group）

『GYSINGE centrum for Byggnadsvard HANDBOOK No9』

『Pärlans Konfektyr KOLOR JAZZ OCH BAKVERK』
Sandra Abi-Khalil/Klara Ejemyr/Lisa Ericson/Miriam Parkman/Isabella Wong 著（Nature & Kultur）

『太陽レクチャーブック 03　北欧インテリア・デザイン』（平凡社）

Bukowskis Market　https://www.bukowskismarket.com/

Skansen　https://www.bukowskismarket.com/

Nordiska museet　http://www.nordiskamuseet.se/

Fukuya（フクヤ）　http://www.fuku-ya.jp/

Special Thanks:

Viveca Carlsson & Magnus Palm(Scandinavian RETRO), Maria Jernkvist(Prylodesign), Miriam Parkman, Madelin Ahnlund, Lasse Zackrisson(Vax Records), Eric Esquivel, Brittmari Tjernlund(Randiga Tråden), Maria(tid & rum), Sarah Wing(Retroella), Bukowskis, Ljundberg Factory, ブロードメディア・スタジオ，花水 友子，ヘレンハルメ 美穂，森 正岳，

Yuriko Mori 森 百合子

コピーライターとしてスウェーデン大使館、フィンランド大使館の仕事に携わる。北欧４ヶ国で取材を繰り返し、独自の視点で北欧ガイドブックを執筆。著書に『北欧のおいしい話』『コーヒーとパン好きのための北欧ガイド』『3日でまわる北欧』（スペースシャワーネットワーク）『北欧インテリアBOOK』（宝島社）ほか。北欧の暮らしを伝えるトークショーやメディア出演など多数。東京・田園調布で北欧ビンテージ雑貨の店「Sticka スティッカ」も運営。
http://hokuobook.com

édition PAUMES ジュウ・ドゥ・ポゥム

フランスをはじめ、海外のアーティストたちの日本での活動をプロデュースするエージェント。またアーティストによる作品やデザイン雑貨をセレクトしたショップ「ギャラリー・ドゥー・ディマンシュ」を運営している。さまざまな国でアーティストたちのクリエーションや暮らしを取材し、数多くの書籍を出版。近著に『パリのガーデニング』『パリのおいしいキッチン』など。
www.paumes.com　www.2dimanche.com

Text : Yuriko Mori
Photographs : Masatake Mori & Yuriko Mori

édition PAUMES
Art direction : Hisashi Tokuyoshi
Design : Kei Yamazaki, Megumi Mori
Editor : Coco Tashima
Sales manager : Rie Sakai
Sales manager in Japan : Tomoko Osada

Impression : Makoto Printing System
Distribution : Shufunotomosha

21 Retro Stories from Stockholm
北欧《ほくおう》レトロをめぐる21のストーリー

2014年11月30日　初版第1刷発行

著者：森《もり》 百合子《ゆりこ》

発行人：徳吉 久、下地 文恵
発行所：有限会社ジュウ・ドゥ・ポゥム
〒150-0001 東京都渋谷区神宮前3-5-6
編集部 TEL / 03-5413-5541
www.paumes.com

発売元：株式会社 主婦の友社
〒101-8911 東京都千代田区神田駿河台2-9
販売部 TEL / 03-5280-7551

印刷製本：マコト印刷株式会社

ISBN978-4-07-298755-1